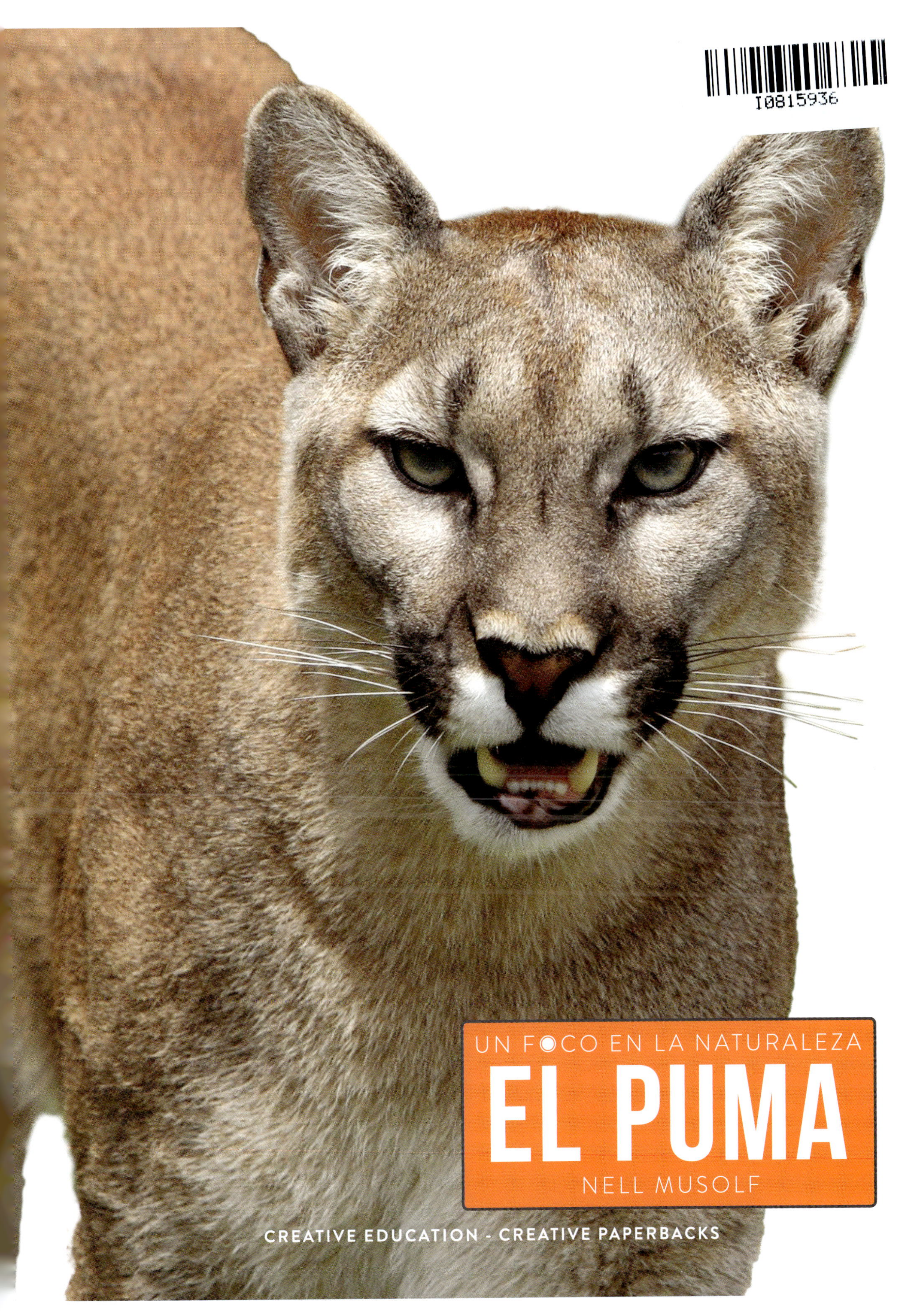

UN FOCO EN LA NATURALEZA

EL PUMA

NELL MUSOLF

CREATIVE EDUCATION - CREATIVE PAPERBACKS

Publicado por Creative Education y Creative Paperbacks
P.O. Box 227, Mankato, Minnesota 56002
Creative Education y Creative Paperbacks son sellos
de The Creative Company
www.thecreativecompany.us

Diseño y producción: Blue Design, Inc.
Dirección artística: Tom Morgan
Edición: Grace Beltowski

Fotografías: Alamy Stock Photo/Corbis Flirt, 14; Corbis/Marianne Rosenstiehl/Sygma, 29; Dreamstime/Outdoorsman, 10, 28, Seread, 17, 29, Steven Blandin, 18, Sunheyy, 27, 29; iStock/Evgeny555, 26, James Michael Kruger, 11; Getty Images/Alex Hibbert, 9, Alfredo Santamaria / 500px, 21, Easy_Company, 8, 10, 14, 16, 20, 22, Fuse, 21, Ibrahim Suha Derbent, 15, Kathleen Reeder Wildlife Photography, 6, McDonald Wildlife Photography Inc., 4–5, Olena Ruban, 3, 6; Pexels/Pixabay, portada, 1; Shutterstock/creativex, 23, Geoffrey Kuchera, 24, jo Crebbin, 16; Wikimedia Commons/Shahzaib Damn Cruze, 12

Library of Congress Cataloging-in-Publication Data
Names: Musolf, Nell author
Title: El puma / Nell Musolf.
Other titles: Cougar. Spanish
Description: Mankato, Minnesota : Creative Education / Creative Paperbacks, [2026] | Series: Un foco en la naturaleza | Translation of: Cougar. | Audience term: juvenile | Audience: Ages 10-13 Creative Education / Creative Paperbacks | Audience: Grades 4-6 Creative Education / Creative Paperbacks | Summary: "Leap into the cougar's world (also called mountain lion or puma) with this nature title for middle-grade wildlife lovers. Translated into North American Spanish, informational text pairs with a narrative about a single cougar family to spotlight the wild animal's life cycle, supported by infographics and a timeline of developmental milestones"— Provided by publisher.
Identifiers: LCCN 2024053946 (print) | LCCN 2024053947 (ebook) | ISBN 9798889899181 library binding | ISBN 9781682779583 paperback | ISBN 9798889899976 ebook
Subjects: LCSH: Cougar—Juvenile literature.
Classification: LCC QL737.C23 M92818 2026 (print) | LCC QL737.C23 (ebook) | DDC 599.75/24—dc23/eng/20250202

Impreso en India

CONTENIDO

CONOCE A LA FAMILIA

PUMAS NORTEAMERICANOS

de la isla de Vancouver

Es un frío día de otoño en la isla de Vancouver. La isla está situada frente a la costa de la Columbia Británica, en el oeste de Canadá. Alberga su propia **subespecie** de puma, *Felis concolor vancouverensis*. En la isla de Vancouver viven entre 600 y 800 pumas. La mayoría de los residentes nunca verán uno, ya que este gran gato de montaña es rápido, astuto y prefiere vivir solo.

En este día de otoño, una hembra de puma norteamericano está sentada en una cueva aislada. La cueva está en un bosque muy arbolado, protegida del viento. El puma ha pasado las semanas anteriores preparando la madriguera para sus crías. Las paredes están recubiertas de musgo, lo que hace que el espacio sea acogedor. La puma dará a luz sola. Su camada podría ser de uno a seis cachorros. Una cosa es segura: al final del día, será madre.

PRIMER PLANO

Manchas

Los pumas nacen con manchas de color marrón oscuro. Su cola tiene anillos oscuros. A medida que el puma crece, las manchas desaparecen y su pelaje se vuelve de un tono tostado **uniforme**. Ver a un puma con manchas significa que todavía es un cachorro y que aún no ha alcanzado la edad adulta.

CAPÍTULO UNO

LA VIDA COMIENZA

Los pumas -también conocidos como leones de montaña, leones americanos, pumas y panteras- viven en Norteamérica y Sudamérica. La mayoría de los pumas viven en la mitad occidental de Norteamérica, desde Canadá hasta México, pero algunos se encuentran tan al sur como Chile. También hay una pequeña población de pumas en el suroeste de Florida. Los pumas viven en bosques, regiones montañosas, desiertos y cañones. Dondequiera que vivan, los pumas **se adaptan** al terreno.

Como miembros de la familia de los grandes felinos, los pumas adultos pueden medir hasta 2,7 metros (9 pies) de largo desde el hocico hasta la cola. Los machos adultos pesan alrededor de 81,6 kilogramos (180 libras). Las hembras pesan 54,4 kg (120 libras). Los pumas nacen con manchas oscuras que desaparecen a los seis meses. Los adultos tienen un pelaje de color canela sólido. Tienen la cabeza redonda y las orejas erguidas. Tienen una vista y un oído excelentes, pero un olfato débil. Los pumas son conocidos por su fuerza.

HITOS DEL PUMA NORTEAMERICANO

DÍA 1

- Nacido
- Ojos bien cerrados
- Pelaje color canela con manchas oscuras
- Peso: 340 gramos (12 onzas)

Tienen cuerpos largos, delgados y musculosos. Están hechos para moverse con sigilo mientras cazan a sus presas. Sus patas delanteras son más grandes que las traseras. Tienen cuatro garras **retráctiles** en las patas traseras y cinco en las delanteras, con un **espolón**. Sus garras se ajustan para agarrar a sus presas. Su larga cola les ayuda a mantener el equilibrio.

Los pumas son **carnívoros**. Su dieta consiste en mamíferos como ciervos, alces, borregos cimarrones y cabras. Si no disponen de presas más grandes, comen pequeños mamíferos como roedores, pájaros y animales domésticos como perros y gatos. Prefieren cazar de noche. Gracias a su excelente vista, detectan fácilmente a sus presas. Recorren grandes distancias en busca de comida. Los pumas son rápidos y ágiles. Pueden correr hasta 80,5 kilómetros (50 millas) por hora. Son depredadores

PRIMER PLANO

Ojos que cambian de color

Al nacer, los ojos de un puma están bien cerrados. Son azules cuando se abren por primera vez entre 5 y 19 días después. A los 16 meses, el color de los ojos del puma cambiará a un verde dorado y no volverá a cambiar por el resto de su vida.

Bienvenido al mundo

En lo más profundo de los bosques de la isla de Vancouver, la hembra de puma está tumbada en la madriguera forrada de musgo que se ha hecho. Después de tres meses de embarazo, sus cachorros están a punto de nacer. Sale un cachorro, luego otro, por lo que sólo hay dos en esta camada. Tienen los ojos cerrados y el cuerpo cubierto de manchas marrones. No pueden oír. Los cachorros emiten débiles maullidos antes de empezar a mamar. Dependerán completamente de su madre durante las próximas semanas. La madre y los cachorros caen en un profundo sueño.

de **emboscada**. Los pumas jóvenes y enfermos pueden ser atacados por otros pumas, osos o lobos. Por lo demás, los humanos son los únicos depredadores de los pumas.

Aunque los pumas adultos son conocidos por su fuerza y sus excelentes habilidades de caza, empiezan su vida como todos los mamíferos. Son débiles y completamente dependientes de sus madres. Los cachorros recién nacidos son ciegos. Se alimentan de la leche materna. A medida que crecen, se comunican con sus madres mediante silbidos, chirridos y maullidos. Permanecerán con sus madres durante los primeros años de vida.

DÍA 8

- Los ojos están completamente abiertos y azules
- Continúa amamantando
- Depende totalmente de la madre

PRIMER PLANO

Buen agarre

Un espolón es un dedo extra en las patas de un mamífero. En un puma, el espolón se encuentra en las patas delanteras y le ayuda a agarrar a su presa con más facilidad. Las huellas de puma no muestran el espolón a menos que el puma esté corriendo.

Primera comida

Los cachorros recién nacidos son débiles. Su sentido del olfato nunca será fuerte, pero pueden oler la leche materna que los mantendrá con vida. Uno se acurruca contra su madre, su pequeña boca busca su teta. La leche materna le mantendrá hasta que sea lo bastante mayor para comer carne. Los recién nacidos dependen de la capacidad de caza de su madre para mantenerse con vida. Cuando los cachorros crezcan, su madre les enseñará la carne de aves, alces y otros animales. Luego les enseñará a cazar por sí mismos.

Los pumas pueden

ADAPTARSE

a todo tipo de entornos y retos.

6 SEMANAS

- Capaz de oír
- Aparecen los dientes caninos
- Manchas en el pelaje aún visibles
- Empieza a comer carne

PRIMER PLANO

Párpados

Los pumas tienen un revestimiento negro debajo de los ojos. Esto hace que parezca que llevan delineador, pero en realidad es piel del párpado.

CAPÍTULO DOS

PRIMERAS AVENTURAS

Los cachorros de puma permanecen cerca de sus madres entre 18 y 24 meses después de nacer. La lección más importante que aprenden es a cazar. Ser capaces de capturar su propia comida es la única habilidad sin la que no pueden vivir.

Las madres pumas empiezan a enseñar a sus cachorros a cazar cuando tienen unos seis meses. Empiezan con presas más pequeñas, como pájaros, ardillas y conejos. Los cachorros suelen aprender a cazar utilizando crías y cervatillos de alce como objetivos. A medida que los pumas crecen y se hacen más fuertes, pueden atacar y matar alces adultos.

A los dos años de edad, los pumas pueden cazar solos. Los ciervos se convierten en su presa preferida. Los pumas prefieren el venado bura al venado cola blanca. Los ciervos mulos viven en zonas abiertas, lo que facilita a los pumas tenderles emboscadas.

Los pumas atrapan a sus presas atacando por detrás o por el costado. Agarran a su presa por el cuello y tiran de ella al suelo. Si no le rompen el

6 MESES

- Manchas en el pelaje comienzan a desvanecerse
- Deja de amamantar
- La madre empieza a enseñar a los cachorros a cazar
- Peso: 15,9-20,4 kg (35-45 libras)

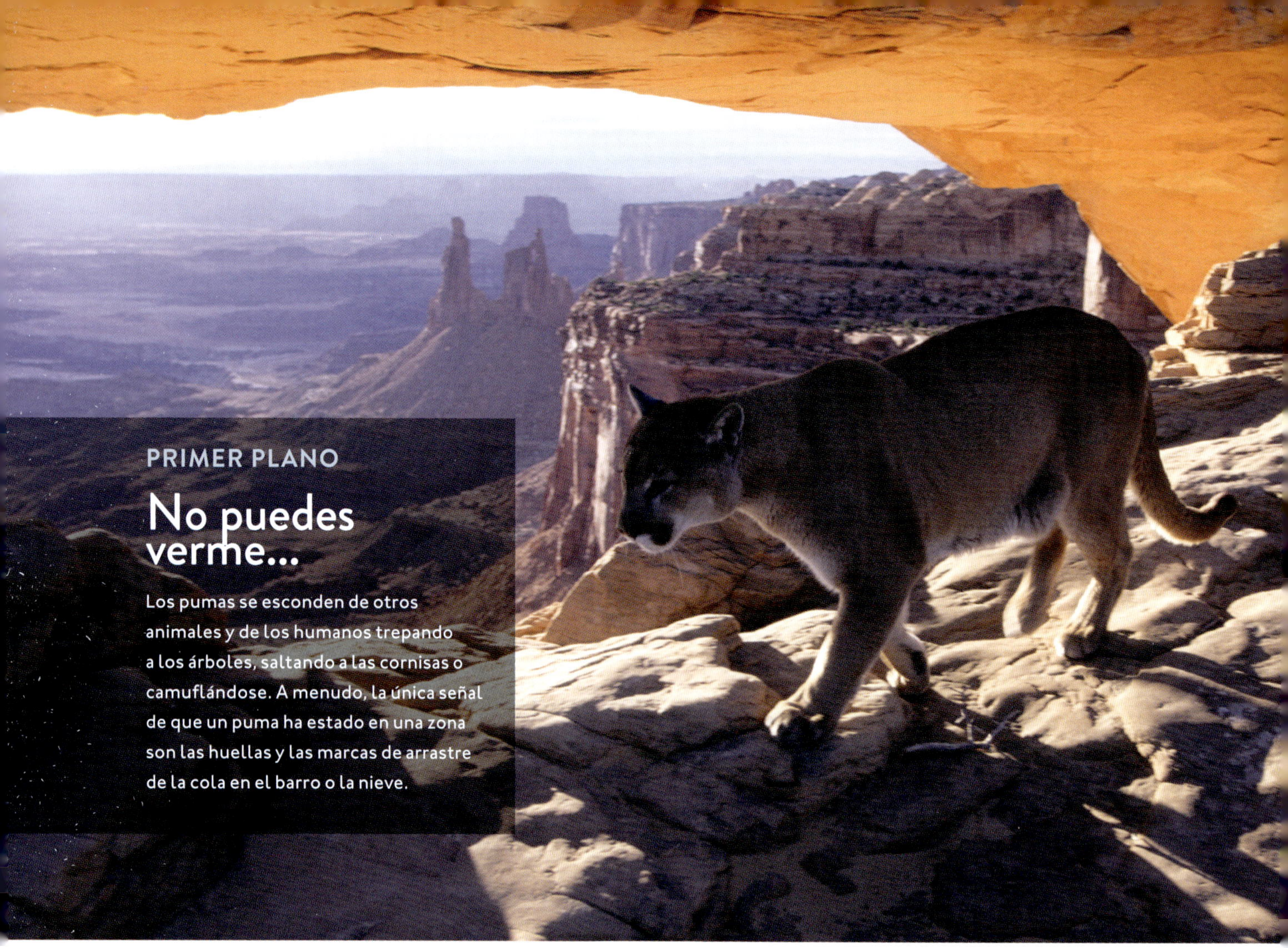

PRIMER PLANO

No puedes verme...

Los pumas se esconden de otros animales y de los humanos trepando a los árboles, saltando a las cornisas o camuflándose. A menudo, la única señal de que un puma ha estado en una zona son las huellas y las marcas de arrastre de la cola en el barro o la nieve.

A los cachorros de puma les encanta comer carne. Su madre se la ha estado proporcionando, pero ha llegado el momento de que los pumas empiecen a cazar por sí mismos. Su madre los lleva a un lugar donde hay un conejo comiendo hierba. Les enseña cómo acercarse sigilosamente al conejo por detrás. Un salto rápido y el conejo está muerto. Durante las semanas siguientes, enseña a sus crías a cazar y matar más conejos, ardillas y pájaros. Finalmente, les enseña una presa mucho mayor: un ciervo.

cuello, la asfixian. Una vez atrapada la presa, el puma sólo come un poco de carne. Luego entierra lo que queda. Después de unas horas, el puma regresa a la presa, que ya se ha enfriado. El puma permanece cerca de su presa durante los días siguientes o hasta que se la ha comido por completo.

Los pumas aprenden a cuidar de sí mismos rápidamente. Empiezan a alejarse de sus madres. Los hermanos permanecen juntos durante unos meses después de dejar a su madre, pero al final todos se independizan.

16 MESES

- Se vuelve más independiente
- Las manchas siguen desapareciendo
- El color de los ojos cambia a verde dorado

PRIMER PLANO

. . . pero te veo

Los pumas tienen una visión excelente, sobre todo en la oscuridad. Utilizan su asombrosa vista para acechar silenciosamente a sus presas y saltar de repente sobre ellas. Pueden saltar hasta 4,6 m (15 pies)en el aire antes de aterrizar sobre su desprevenida presa.

FAMILIA DESTACADA

Pruébalo

La madre puma lleva dos años disfrutando con sus cachorros. Pero ha llegado el día de que se vayan. Todos los pumas tienen su propia área de distribución. Los pumas machos tienen áreas el doble de grandes que las de las hembras. La madre puma debe expulsar a sus crías de su área de distribución. No será fácil, pero ella sabe que debe hacerlo. Pacientemente, los ahuyenta cada vez más lejos de casa. Los dos cachorros permanecerán juntos durante unos meses. Eventualmente, se irán por su cuenta.

22 MESES

- Capaz de cazar solo
- Deja a la madre
- Encuentra su propia gama con su hermano

PRIMER PLANO

Grandes dientes

Como los pumas sólo comen carne, sus dientes son grandes y afilados. Los pumas tienen molares especiales que les ayudan a desgarrar la piel y la carne. Sus fuertes dientes y mandíbulas les ayudan a cazar y matar a sus presas.

CAPÍTULO TRES

LECCIONES DE LA VIDA

Los pumas son **territoriales**. Viven dentro de una franja de terreno establecida entre 129 y 388 kilómetros cuadrados (50 y 150 millas cuadradas) para los machos y hasta 155 kilómetros cuadrados (60 millas cuadradas) para las hembras. Aquí es donde encuentran comida, agua y refugio. Una vez que los pumas se separan de su madre y de sus hermanos, buscan su propio territorio. No viven en manadas ni invitan a otros pumas a vivir en su territorio. Marcan sus territorios dejando montones de hojas, agujas de pino o tierra cubiertos de orina y heces.

El apareamiento entre los pumas tiene lugar entre marzo y junio de cada año. Tras el apareamiento, los pumas macho dejan la crianza a las hembras y no tienen nada que ver con sus crías. Las hembras pueden tener su primera camada cuando tienen entre dos y tres años. Pasan aproximadamente el 75 por ciento de su vida embarazadas o cuidando de sus crías. Es posible que las hembras se queden preñadas de varios machos, por lo que una sola

(2) AÑOS

- Los cachorros se separan y viven solos
- Las hembras alcanzan la madurez sexual y tienen su primera camada

camada puede tener más de un padre. Se sabe que las madres pumas son muy protectoras con sus crías y las defienden de los depredadores, a veces hasta la muerte.

Aparte de defender a sus crías, los pumas son los menos agresivos de los grandes felinos del mundo. Son **escurridizos** y no les gusta que los vean. También ayudan al medio ambiente al alimentarse de ciervos y alces que pueden dañar los bosques por **sobrepoblación**.

Los pumas viven entre 8 y 13 años en libertad. Como todos los animales, se enfrentan a diversas amenazas. La caza deportiva es una amenaza constante para las poblaciones de pumas de Norteamérica y Sudamérica. Otra es la **invasión** de las ciudades en espacios ocupados por pumas. A medida que se urbaniza el terreno, los pumas son expulsados de sus áreas de distribución y se ven obligados a buscar nuevos hogares .

Así se hace

Los hermanos puma tienen hambre. Aprendieron de su madre cómo hacer pequeñas matanzas. Ahora están listos para algo más grande. Pacientemente, esperan a que un ciervo entre en su área de distribución. Moviéndose en silencio pero con rapidez, recorren la zona, con los ojos buscando su próxima comida. Finalmente, su paciencia se ve recompensada. Un ciervo mordisquea hierba bajo un pino. Momentos después, el ciervo está muerto. Los pumas tienen suficiente carne para alimentarse durante varios días.

PRIMER PLANO

Grito

Los pumas son animales silenciosos, pero a veces gritan. El grito de un puma se ha comparado con el de una hembra humana. Las hembras gritan para indicar que están listas para aparearse, y los machos gritan cuando se pelean por una hembra.

3 AÑOS

- Los machos alcanzan la madurez sexual
- Los machos regresan al área de distribución tras el apareamiento
- Las hembras viven enamoradas cuando no crían cachorros.

Existe otra amenaza para los pumas. Durante años, los investigadores creyeron que los pumas de la zona del Parque Nacional de Yellowstone morían de **plaga**. Sin embargo, descubrieron que algunos de ellos habían muerto a causa de la plaga. Esta enfermedad contagiosa puede transmitirse a los pumas por picaduras de pulgas o por comer animales infectados por la peste. En 2020, se informó de que casi el 43 por ciento de los pumas estudiados en Wyoming dieron positivo en la prueba de la peste. Cuatro de estos pumas murieron a causa de la enfermedad.

PRIMER PLANO

Garras retráctiles

Como todos los gatos, los pumas tienen garras retráctiles. Las garras retráctiles se pueden sacar cuando no se necesitan. Cuando las necesita, el puma puede sacarlas rápidamente. Estas garras son útiles para trepar a los árboles y cazar presas.

La práctica hace al maestro

La pareja de pumas se ha separado. Los dos adultos viajan solos, siempre en busca de comida. Uno se ha convertido en un hábil cazador y ahora rara vez come conejos o ardillas. Su comida favorita es el ciervo, y ha aprendido a mantener su suministro de alimentos abastecido. El puma es un experto en matar ciervos rápidamente. Después de comer unos trozos de carne de una presa fresca, la entierra para mantenerla alejada de otros animales. Luego vuelve durante varios días para terminar su comida.

LOS PUMAS ADULTOS

viven solos dentro de un área determinada de terreno.

(4) AÑOS

- Las hembras tienen una camada cada dos o tres años
- Los machos se aparean con varias hembras

(10) AÑOS

- Fin de la vida

CAPÍTULO CUATRO

AYUDANDO A LOS PUMAS A SOBREVIVIR

Los pumas se adaptan fácilmente a nuevos entornos. Por eso sobreviven en entornos tan distintos, desde el territorio canadiense del Yukón hasta el extremo sur de Sudamérica. En el siglo XVI, se podían encontrar pumas por todo Estados Unidos. Desde entonces, su territorio se ha reducido a la mitad occidental del país, con una población estimada de entre 20.000 y 40.000 ejemplares.

La caza es una amenaza constante para los pumas. A principios del siglo XX, los granjeros y ganaderos culpaban a los pumas de matar al ganado. Como resultado, muchos pumas fueron cazados y asesinados. En 1920, la población de pumas en California se redujo a 600 ejemplares. Desde entonces, el estado ha prohibido la caza recreativa, pero se sigue matando a los pumas cuando la gente se siente amenazada por ellos. Es legal cazar pumas en otros estados, así como en algunas zonas de Canadá, México y Sudamérica. Los cazadores matan unos 3.000 pumas al año sólo en Estados Unidos.

En general, los pumas no son una especie en peligro de extinción. Sólo la subespecie de pantera de Florida se considera en peligro y su caza es ilegal. Otro peligro para los pumas es morir atropellados. En California, unos dos pumas mueren cada semana atropellados.

Los ataques de pumas a humanos son raros. Desde 1868, sólo ha habido 29 ataques mortales de pumas a humanos en Norteamérica. En la naturaleza, los pumas intentan mantenerse alejados de los humanos. La mayoría de los ataques se han producido cuando las personas se encontraban en su territorio. Es difícil saber dónde está el territorio de un puma. Los signos de un territorio incluyen montículos de tierra, agujas de pino y hojas empapadas de orina y heces de puma. Los pumas más jóvenes son más propensos a atacar a los humanos, pero esos ataques rara vez son mortales. Como a todos los felinos, a los pumas les gusta perseguir objetos en movimiento. Si se ve un puma en la naturaleza, lo mejor es no huir. Fíjese bien y mantenga cerca a los niños pequeños y a los animales domésticos. A los pumas no les gusta verse acorralados. Ofrezca a los pumas una salida y lo más probable es que la tomen.

Los pumas forman parte del paisaje norteamericano. Aunque antaño recorrían el continente, su territorio se ha reducido en los últimos 200 años. Este cazador silencioso y sigiloso merece recuperar su lugar en la naturaleza y en el mundo.

INSTANTÁNEAS

El único puma que vive al este del río Misisipi es la **pantera de Florida.** La mayoría de las panteras de Florida viven en el suroeste de Florida. Se calcula que quedan unas 200 panteras adultas.

Los **pumas del este** son una subespecie de puma que ahora se cree extinta. Se encontraban en el noreste de Estados Unidos hasta finales del siglo XIX.

Algunas personas aún afirman haber visto pumas del Este, pero es más probable que hayan visto otra subespecie de puma, como el **puma norteamericano**.

Los **pumas sudamericanos** se alimentan de vicuñas y guanacos, animales estrechamente emparentados con las llamas y las alpacas. La vicuña constituye el 80 por ciento de la dieta del puma sudamericano.

En la cordillera de los Andes de Sudamérica, el puma es considerado un arrebatador de almas o un ayudante de la gente.

Aunque la mayoría de los pumas tienen el pelaje de color canela pálido, algunos pelajes de **pumas de Costa Rica** son de color marrón rojizo.

Las mayores poblaciones de pumas de Costa Rica se encuentran en parques nacionales como Santa Rosa y Corcovado, donde están protegidos de la caza y los cazadores furtivos.

Los registros fósiles de puma más antiguos datan de 300.000 A.C.

El puma es una de las seis especies de felinos salvajes que se encuentran en Norteamérica. A diferencia de otros grandes felinos, no pueden rugir.

Con más de 40 nombres diferentes, los pumas ostentan el récord Guinness al animal con mayor número de nombres.

El puma de la Patagonia es el carnívoro terrestre más grande de Chile.

PALABRAS para saber

adaptarse cambiar para mejorar las posibilidades de supervivencia

carnívoro mamífero que come carne

emboscada ataque por sorpresa

escurridizo difícil de encontrar o capturar

espolón dedo interno de las patas de un mamífero que le ayuda a trepar y atrapar a su presa

invasión ocupación gradual de una zona

plaga enfermedad bacteriana contagiosa

retráctil capaz de retraerse o replegarse

sobrepoblación consumo excesivo de plantas y árboles, que provoca daños

subespecie categoría de seres vivos con características comunes que se sitúa por debajo de una especie

territorial relativa al propietario de un terreno

uniforme constante, inmutable

Visita

COUGAR MOUNTAIN ZOO

Centrado en las especies en peligro de extinción, este zoo enseña a los visitantes muchos tipos de animales, incluidos los pumas.

19525 Southeast 54th Street
Issaquah, WA 98027

MONTEREY ZOO

Este zoo es el hogar de varios pumas, incluido uno con una carrera anterior en televisión y cine.

400 River Road
Salinas, CA 93908

NORTH CAROLINA ZOO

¡Conoce a una pareja de hermanos pumas! Heath y Olive llevan en el zoo desde 2014 y les encanta jugar, comer y dormir.

4401 Zoo Parkway
Asheboro, NC 27205